影楼经典晚礼发型 100 例

安洋 编著

人民邮电出版社

北 京

U0266417

图书在版编目（CIP）数据

影楼经典晚礼发型100例 / 安洋编著. -- 北京 : 人
民邮电出版社，2012.8
ISBN 978-7-115-28558-4

Ⅰ．①影… Ⅱ．①安… Ⅲ．①发型—设计 Ⅳ．
①TS974.21

中国版本图书馆CIP数据核字(2012)第124460号

内 容 提 要

本书包含 100 个晚礼发型设计案例，按风格分为柔和清雅篇、浪漫唯美篇、高贵优雅篇、复古典雅篇、时尚清新篇 5
个部分，都是影楼摄影、新娘当天会用到的经典晚礼发型。本书将每款发型通过图例与步骤说明相对应的形式进行讲解，分
析详尽、风格多样、手法全面，力求从全方位的角度进行展示，并对每个案例进行了造型提示，使读者能够更加完善地掌握
造型方法。

本书适用于在影楼从业的化妆造型师，同时也可供相关培训机构的学员参考使用。

影楼经典晚礼发型 100 例

◆ 编　著　安　洋

　　责任编辑　孟　飞

　　执行编辑　赵　迟

◆ 人民邮电出版社出版发行　　北京市崇文区夕照寺街 14 号

　　邮编　100061　　电子邮件　315@ptpress.com.cn

　　网址　http://www.ptpress.com.cn

　　北京顺诚彩色印刷有限公司印刷

◆ 开本：889×1194　1/16

　　印张：15.25

　　字数：571 千字　　　　　　　　　　2012 年 8 月第 1 版

　　印数：1 – 3 000 册　　　　　　　　2012 年 8 月北京第 1 次印刷

ISBN 978-7-115-28558-4

定价：98.00 元

读者服务热线：(010)67132692　印装质量热线：(010)67129223
反盗版热线：(010)67171154
广告经营许可证：京崇工商广字第 0021 号

化妆造型是一个整体。妆容是对面部的细致刻画，使美感得到提升；而造型是运用各种手法改变头发原有状态，使其能更好地配合服装及妆容的风格。

在造型的时候不得不把化妆与服装结合在一起考虑。相对于化妆而言，造型会更加复杂，面部是一个内收式的轮廓，化妆有面部五官作为基础，相对来说比较容易控制面积、范围、角度，因为五官基础给了我们一个基本的比例标准，我们只需在其基础之上加以具体的修饰与矫正即可。而造型是一个外放式的轮廓，结束点不好控制，所有的形状都是靠操作者自己来把控，同时还要考虑到造型是否适合个体本身的脸型和化妆风格等问题，因此造型往往会差之毫厘，谬以千里，也许是蓬松的程度或者几簇发丝的摆放位置就可以决定一个造型的成败，处理起来是个比较复杂的问题。

那么，我们需要通过什么样的方法来增加自己所掌握的造型数量并提高造型的质量呢？个人的建议是需要全方位地去思考问题，首先是角度方位，同样的造型变换一个角度就成为一种新的造型感觉；其次是体积，造型结构的体积大小也能改变造型带给人的视觉感受，例如简单的赫本头造型，小巧些的发包会给人活泼可爱的感觉，大一些的发包就显得比较端庄了；再次是细节，造型的细节往往最能带来造型的变化，比如刘海区的细节变化、打卷手法的变化等；最后是充分利用辅助材料。这里所说的辅助材料是指饰品和假发，饰品往往决定了造型的风格，比如闪亮的水钻饰品给人的感觉相对高贵，花朵饰品给人的感觉就相对温柔唯美一些。假发的形态多种多样，运用后的效果有些是真发难以达到的；真假发的结合也是一种增加造型变化的有效方法，只是在运用假发的时候要尽量做到与真发结合得逼真，不能给人胡乱堆砌的感觉。

之上我们说的是在现有基础上的一些处理造型的思考角度，做什么事情都离不开思考；如果没有思考并加以实践，那一切都是纸上谈兵，化妆造型领域也就不会不断更新了。除了思考，我们更要懂得的是海量的浏览和对优秀作品的借鉴，取其精华去其糟粕，这与抄袭的意义完全不同。这种方式也能很好地使我们增强自己对造型的敏感度并创造更宽广的想象空间。

本书对100款晚礼服造型做了详细的步骤解析，有些是风格的划分，有些是细节的变化，有些是假发与饰品的利用方式……当然还有更多的造型变化，这里未能一一列举，读者可以通过举一反三的方式加以分析和学习。希望本书能给大家带来帮助。

在此感谢以下朋友在本书的编写过程中给我的帮助。

摄影师：孙杰。

知名美甲师：落落。

模特：郭燕、赵爽、小荣、肖薇、丽雯、佳佳、杨前菲、伊曼、吕肖旭、惠惠、陈钰伽、娟子、芳芳、丹丹、李骊、邓元玲、小玲、迟筱暄、黛妮亚。

安洋

著名化妆造型讲师　　　　　　　　北京国际时装周化妆师
服装设计师　　　　　　　　　　　北京国际车展化妆师
时尚摄影师　　　　　　　　　　　"腾讯网"汽车宝贝大片化妆师
创办"北京安洋化妆造型培训机构"　影视作品：《RED BOY》、《Loli 的美好时代》等
北电影视艺术学校客座讲师　　　　出版书籍：《影楼化妆造型宝典》、《时尚彩妆造型宝典》
北京擎天盛世影业集团客座讲师　　作品发表于《化妆师》、《今日人像》、《人像摄影》、《影
"美在中国"彩妆造型邀请赛银奖　　楼视觉》、《新娘 Modern Bride》、《摩托车》、《糖果》
"霓裳杯"服装设计师大赛优秀奖　　等杂志
ZFC 环保彩妆大赛特邀评委　　　　与众多知名艺人及品牌保持合作
金鸡百花电影节化妆师　　　　　　技术涉及时尚、影楼、影视、服装设计等多个领域
央视"中华情"晚会化妆师　　　　　作品博客：http://blog.sina.com.cn/wanganyang

[柔和清雅篇]
[020-067]

023

025

027

029

031

033

035

037

039

041

043

045

047

049

051

053

055

057

059

061

063

065

[高贵典雅篇]
[114-153]

117

119

121

123

125

127

129

131

133

135

137

139

141

143

145

147

149

151

[时尚新颖篇]
[200-244]

203 205 207 209 211
213 215 217 219 221
223 225 227 229 231

233

235

237

STEP 01　将侧发区的头发向后旋转固定。

STEP 02　将后发区的头发向上旋转固定。

STEP 03　将固定好的头发前后衔接好。

STEP 04　将固定好的头发进行打毛。

STEP 05　喷胶定型。

STEP 06　将刘海区的头发向下梳理好。

STEP 07　用吹风机将刘海吹得蓬起且自然。

STEP 08　用卷棒将两侧发区的头发做卷。

STEP 09　将卷好的头发进行打毛，整理层次。

STEP 10　将发带固定好。

STEP 11　佩戴造型花，造型完成。

造型提示

佩戴在一个造型上的饰品不一定是同一种色彩。除色彩之外，它们的材质以及彼此之间的关系也是要考虑的重要因素。

STEP 01　在顶区将一片头发向前提拉。

STEP 02　将头发修饰在刘海区的位置。

STEP 03　将修饰在刘海区的头发向上翻转并进行固定。

STEP 04　将另外一侧侧发区的头发向上翻转固定。

STEP 05　将后发区的头发分出一片向上扭转固定。

STEP 06　再分出一片继续向上扭转固定。

STEP 07　将剩余头发向上扭转固定。

STEP 08　将头发进行打毛。

STEP 09　喷胶定型并调整发丝。

STEP 10　将造型纱打结固定在头发上。

STEP 11　将纱抓出蝴蝶结的形状。

STEP 12　调整发丝，造型完成。

造型提示

蓬松的卷发造型，要蓬松而不凌乱。想要让造型发丝看上去更自然，可以用尖尾梳的尖尾挑一些发丝出来。

STEP 01　将向上提拉的刘海区头发打毛。

STEP 02　将一侧发区的头发打毛。

STEP 03　将打毛的头发调整好层次并进行固定。

STEP 04　将另外一侧的头发打毛。

STEP 05　将打毛的头发向下扣并进行固定。

STEP 06　将后发区的头发向上收起并进行固定。

STEP 07　喷胶定型。

STEP 08　佩戴饰品，并对饰品进行点缀。

STEP 09　调整造型，造型完成。

造型提示

在做造型的时候，有些饰品需要用其他饰品进行点缀，这种点缀应起到锦上添花的作用，不要出现饰品重点过多的感觉。

STEP 01　将后发区的头发扭转固定好。

STEP 02　将一侧发区的头发向后扭转固定。

STEP 03　将另外一侧发区的头发向上扭转固定。

STEP 04　在后发区固定好的位置固定假发片。

STEP 05　将假发片翻转造型。

STEP 06　在头顶偏侧的位置用假发片进行造型。

STEP 07　固定发带。

STEP 08　佩戴饰品，造型完成。

造型提示

在做造型的时候，可以用一些局部的修饰使造型更具变化和生动感，但不要让点缀的造型结构太突兀，否则会冲淡整个造型的视觉感。

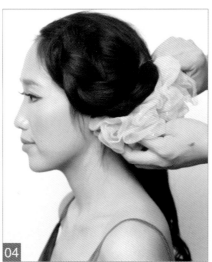 

STEP 01　将头发用电卷棒做卷。

STEP 02　在一侧的侧后方位置扎马尾并编辫子。

STEP 03　从后向前固定辫子。

STEP 04　抓纱修饰盘好的辫子的轮廓。

STEP 05　在头顶的位置抓纱，使造型看起来更完整。造型完成。

造型提示

做造型的时候，可以多尝试头发的摆放位置，不管造型怎样变化，主要还是取决于头发的摆放方位和结构感的形成。

STEP 01　将刘海区的头发向后隆起固定。

STEP 02　将侧发区的头发向上扭转固定。

STEP 03　扭转固定另外一侧的头发。

STEP 04　将后发区的头发分片向上扭转固定。

STEP 05　将固定好的头发进行打毛。

STEP 06　调整头发的层次。

STEP 07　将留出来的用来修饰的头发用卷棒卷得自然一些。

STEP 08　佩戴造型花，造型完成。

造型提示

这款造型相对比较传统。两边留出的头发的一个目的是修饰脸型；另外一个目的是使造型相对生动一些。

STEP 01　将刘海区固定好，在一侧扎马尾。

STEP 02　在另外一侧扎马尾。

STEP 03　将帽子固定好。

STEP 04　将马尾分出一片打卷修饰额头。

STEP 05　继续向上打卷。

STEP 06　注意帽子与卷之间的固定。

STEP 07　将另外一个马尾沿着帽子固定在打卷的一侧，修饰造型轮廓。

STEP 08　在后方抓纱，做遮挡并增加造型美感，造型完成。

造型提示

在做造型的时候可以尝试着改变饰品的样式，有时候能收获意想不到的效果。如帽子与抓纱的结合新颖独特，能使人耳目一新。

STEP 01　将刘海区的头发固定好。

STEP 02　佩戴假刘海。

STEP 03　向后翻转侧发区的头发并进行固定。

STEP 04　将后发区的头发分出一片向上提拉做固定。

STEP 05　将剩余头发向上提拉做固定。

STEP 06　佩戴珠链并进行固定。

STEP 07　佩戴饰品，注意适当修饰额头，造型完成。

造型提示

珍珠饰品和各种质感的纱能很好地结合在一起，可以利用这一特性，丰富自己的造型搭配。

37

STEP 01　将真发固定牢固。

STEP 02　将假发固定在头顶上。

STEP 03　将一侧的假发堆好并进行固定。

STEP 04　沿着额头的位置继续固定假发。

STEP 05　将假发全部固定好，整理层次。

STEP 06　将造型布抓出立体的结构并固定。

STEP 07　在后边固定造型布。

STEP 08　佩戴造型花，造型完成。

造型提示

在用假发造型的时候，真发的固定方位和牢固与否也很重要，虽然都被盖住了，但是一样可以影响到造型的最终效果。

STEP 01　用卷发棒给头发做卷。

STEP 02　将刘海区和侧发区的头发相互结合向上旋转翻卷。

STEP 03　从后发区向前翻卷头发并做固定。

STEP 04　将后发区的部分头发进行打毛。

STEP 05　将打毛的头发向上翻卷并做固定。

STEP 06　将另外一侧的侧发区的头发编辫子。

STEP 07　将辫子进行固定。

STEP 08　将头发分不同的点进行固定，目的是让头发有层次。

STEP 09　整理好头发的层次。

STEP 10　佩戴发带布。

STEP 11　在后方将发带布固定出蝴蝶结的形状。

STEP 12　固定另外一边，造型完成。

造型提示

各种各样的布是很好的造型饰品，与纱相比更容易产生立体效果，层次感强。要注意布上没有网眼又比较重，所以在固定的时候应注意固定的牢固性。

STEP 01　将发带固定好。

STEP 02　在一侧扎出花形。

STEP 03　在后面编一条辫子。

STEP 04　将辫子从后向前固定在额头位置。

STEP 05　在侧面编一条细辫子。

STEP 06　固定在之前辫子的下方。

STEP 07　翻转侧发区留下的头发并进行固定。

STEP 08　将头发都固定在有花形的一侧。

STEP 09　打毛头发。

STEP 10　将头发整理并固定好，造型完成。

造型提示

用辫子修饰额头也是造型中一种常用的方法，因为辫子特有的纹理，可以使造型看上去更生动。

STEP 01　将一侧发区与部分后发区的头发整理好向上翻转。

STEP 02　不要翻转得太高，整理好之后做固定。

STEP 03　将另外一侧的头发向上做翻转。

STEP 04　将翻转的头发立起来并做固定。

STEP 05　将刘海区的头发向上翻转做固定。

STEP 06　喷胶定型。

STEP 07　佩戴发带。

STEP 08　佩戴造型花，造型完成。

造型提示

这是晚礼中常用的一款造型，也是大部分人都适合的一款造型，比较适合搭配花朵之类的装饰物。

STEP 01   将刘海区头发进行二八分区。

STEP 02   将头发比较多的一侧的刘海向上翻转固定。

STEP 03   在另外一侧将头发一分为二，摆出波纹形状。

STEP 04   摆出第二个波纹形状，均固定牢固。

STEP 05   将后发区的头发从后向前扭转固定。

STEP 06   整理发包的形状。

STEP 07   佩戴黑色造型花边，抓出层次结构。

STEP 08   佩戴白色珠链，造型完成。

造型提示

注意侧面发包的形态以及整个造型的服帖感，这样的造型适合脸型比较标准的人。

STEP 01　将刘海区的头发向上翻转固定。

STEP 02　将另外一侧侧发区的头发向上翻转固定。

STEP 03　将后发区的头发梳理至一边，向上打环固定，留出空间。

STEP 04　佩戴发带。

STEP 05　将造型布固定好，开始抓褶皱。

STEP 06　向上一点点地固定造型的褶皱层次。

STEP 07　在刘海区的位置抓褶皱，造型完成。

造型提示

这款造型佩戴鲜花、造型纱
等饰品都比较适合，在造型的
基本结构上添加配饰以及稍作
改动，就会形成一个新的
造型。

STEP 01　将刘海区的头发整理好。

STEP 02　分出一片向上翻转打卷。

STEP 03　注意卷的固定位置，下发夹固定牢固。

STEP 04　继续进行打卷并固定，形成立体的空间感。

STEP 05　将后发区扎成马尾。

STEP 06　将马尾向上扭转形成发包的形状，固定牢固。

STEP 07　喷胶定型。

STEP 08　佩戴发带，造型完成。

造型提示

卷与卷之间的相互衔接形成了造型的立体结构，在衔接卷的时候注意要将发夹隐藏起来。

51

STEP 01　将刘海区的头发向上进行打毛。

STEP 02　将侧发区的头发进行打毛，与刘海区的头发进行衔接。

STEP 03　在侧发区位置做一个卷。

STEP 04　将另外一侧发区的头发向后编辫子。

STEP 05　将后发区的头发扎成马尾。

STEP 06　将辫子向后固定。

STEP 07　将扎好马尾的头发进行打毛。

STEP 08　将打毛好的头发固定好，喷胶定型，整理层次。

STEP 09　佩戴造型纱。

STEP 10　佩戴饰品，造型完成。

造型提示

做造型的时候一般会出现比较重要的一面和比较次要的一面，而需要做到的是不管从哪个角度来看，造型都有可欣赏性且适合拍摄。

STEP 01　将刘海区的头发向后做固定。

STEP 02　佩戴假发，并整理出层次。

STEP 03　将侧发区头发进行打毛。

STEP 04　将打毛的头发向上固定，与假发衔接。

STEP 05　将另外一侧发区的头发进行打毛，梳光表面向上固定。

STEP 06　接下来打毛后面一片头发。

STEP 07　向上扭转做固定，注意要形成空间层次感。

STEP 08　将后发区的头发包向一侧。

STEP 09　整理头发的层次。

STEP 10　佩戴饰品，造型完成。

造型提示

将假发包裹在真发之上，并不是全部隐藏和全部暴露出来，这是真假发结合常用的一个方法。

STEP 01   将造型发带佩戴好。

STEP 02   用尖尾梳旋转式地打毛，调整头发的层次。

STEP 03   向上旋转固定部分头发。

STEP 04   另外一侧用同样的方式进行处理。

STEP 05   将后发区的头发向左右分开。

STEP 06   用尖尾梳继续调整头发的层次。

STEP 07   喷胶定型，造型完成。

造型提示

这款造型结构简单，除了饰品的装饰作用，卷发层次的打理也显得尤为重要。

STEP 01   整理刘海区的层次并喷胶定型。

STEP 02   将顶区的头发进行打毛。

STEP 03   将顶区头发隆起做发包的形状。

STEP 04   将侧发区的头发打毛。

STEP 05   将侧发区的头发向后包好并喷胶定型。

STEP 06   将另外一侧发区的头发进行旋转打毛并固定。

STEP 07   将后发区的头发向上固定并调整层次。

STEP 08   佩戴饰品，造型完成。

造型提示

这种盘发结构很容易使造型显得老气，解决的方法就是要梳理得蓬松自然，不要太光滑。

STEP 01　取一片头发扭紧然后固定牢固，发量要适中。

STEP 02　再取一片头发用同样的方式进行固定。

STEP 03　以此方式继续向上进行固定。

STEP 04　注意固定的位置，给饰品留出空间。

STEP 05　一片片头发的固定形成造型的轮廓。

STEP 06　将头发整体固定好，调整层次。

STEP 07　佩戴饰品。

STEP 08　继续佩戴饰品，造型完成。

造型提示

大部分情况下，饰品的混搭适合用在脸型和气质比较好的人身上，这样可以撑得起造型的感觉。混搭并不等于乱搭，它们彼此之间还是可以形成一个整体的感觉。

STEP 01　将头发夹好卷，在额头位置固定好饰品。

STEP 02　在左右两侧留出头发，将侧发区的头发用皮筋进行固定。

STEP 03　向上翻转头发造型。

STEP 04　另外一侧向上翻转头发造型。

STEP 05　从后边向上翻转头发造型。

STEP 06　将翻转之后的头发固定牢固。

STEP 07　用最后一片头发做出造型顶部饱满的轮廓，调整层次，造型完成。

造型提示

做这款造型时，可以先将饰品固定好，然后再围绕饰品做接下来的造型结构。

STEP 01　用三合一卷棒将头发夹卷。

STEP 02　扎马尾，然后将头发编成辫子。

STEP 03　将辫子旋转固定在额头处。

STEP 04　将另外一侧的头发收拢过来，盖住固定好的辫子。

STEP 05　整理层次和高度。

STEP 06　将后发区的头发向侧上方卷并固定。

STEP 07　将剩余的头发卷好向上做固定。

STEP 08　佩戴帽子，造型完成。

造型提示

有些看似简单的造型形
式，也是通过内部结构的细
致划分达到的最终效果，
越简单的造型越要注
意细节。

STEP 01　将用卷发器做好的卷打开。

STEP 02　将刘海区的头发向后固定。

STEP 03　将侧发区的头发进行打毛。

STEP 04　自然地梳光头发表面并向上翻转固定。

STEP 05　将另外一侧发区的头发进行打毛。

STEP 06　整理好层次向上做固定。

STEP 07　喷胶定型调整层次。

STEP 08　将后发区的部分头发整理好。

STEP 09　向一侧固定并整理层次。

STEP 10　喷胶进行定型。

STEP 11　将剩余头发由后向前拉。

STEP 12　固定在头顶位置。

STEP 13　整理好层次喷胶固定。

STEP 14　调整刘海头发的高度。

STEP 15　佩戴饰品。

STEP 16　佩戴另外一侧的饰品，造型完成。

造型提示

注意刘海区的蓬松感和层次感，利用卷发的造型曲线进行打毛，并用尖尾梳的尖尾调整层次。

71

STEP 01　将一侧发区的头发用皮筋做固定。

STEP 02　将另外一侧的头发向后做马尾固定。

STEP 03　将后侧的头发向上固定。

STEP 04　将侧发区的头发向上收短做固定。

STEP 05　用电卷棒将头发做卷。

STEP 06　用尖尾梳整理头发的层次。

STEP 07　喷胶定型。

STEP 08　佩戴饰品。

STEP 09　佩戴另外一个饰品，固定牢固。

STEP 10　调整造型层次，造型完成。

造型提示

注意造型的蓬松感和层次感，发卷要乱而有序，使整个造型既有重量感又显得轻盈。

STEP 01   将刘海区的头发扎成马尾。

STEP 02   将马尾固定好。

STEP 03   佩戴假发，注意佩戴的角度。

STEP 04   整理假刘海的层次，进行固定。

STEP 05   将侧发区的头发打毛并梳光表面。

STEP 06   向上翻转做固定。

STEP 07   将另外一侧发区的部分头发打毛并梳光表面。

STEP 08   向上翻转并固定头发。

STEP 09   将后发区的头发在枕骨位置做固定。

STEP 10   向上翻转头发并做固定。

STEP 11   在后方将头发固定得更牢固些。

STEP 12   在造型一侧佩戴绢花。

STEP 13   将造型纱固定在花的根部。

STEP 14   将造型纱的另外一侧在另外一侧发区进行固定。

STEP 15   将一侧的纱抓出层次。

STEP 16   将另外一侧的纱抓出层次。

STEP 17   佩戴造型花。

STEP 18   最后对造型做整体的调整，造型完成。

造型提示

造型纱和绢花要很好地结合在一起，注意饰品对造型的修饰，不要让绢花有"飘"起来的感觉。

STEP 01　留出部分两侧发区的头发，将马尾向上扎好。

STEP 02　将假发棒卷在马尾根部。

STEP 03　将假发棒固定牢固。

STEP 04　将头发与卷发棒固定在一起。

STEP 05　用夹板夹出头发的弧度。

STEP 06　将两侧头发向后固定。

STEP 07　喷胶定型。

STEP 08　调整头发的层次。

STEP 09　佩戴蝴蝶结，造型完成。

造型提示

注意盘起的造型不要过于生硬死板，要盘得相对蓬松一些，但又不能太松散。

STEP 01　将后发区的头发推向一侧。

STEP 02　前面的头发向后梳，然后进行固定。

STEP 03　将造型纱固定在头发上。

STEP 04　将造型纱抓出层次。

STEP 05　造型纱要抓出立体感。

STEP 06　用假发把真发包裹好。

STEP 07　佩戴造型绢花，造型完成。

造型提示

抓纱的花形要有层次，绢花与造型纱的固定要牢固，注意绢花的大小和摆放位置。

STEP 01　将额头的头发向后梳理光滑。

STEP 02　对后方的头发做固定。

STEP 03　用尖尾梳对头发进行打毛。

STEP 04　喷胶定型，调整层次。

STEP 05　将造型纱固定在头发上。

STEP 06　从前向后抓出头发的层次，在另外一侧结束。

STEP 07　固定好珠链。

STEP 08　将珠链绕头一圈并固定牢固，造型完成。

造型提示

造型纱与珠链的结合是穿插式的，注意头发的层次，要做到乱而有序。

  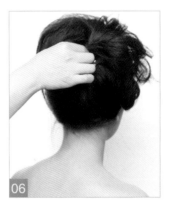

STEP 01   将两侧发区的头发向后梳理固定。

STEP 02   将一侧的头发从后向前翻转固定。

STEP 03   将另外一侧的头发从后向前翻转固定，留出发尾。

STEP 04   调整好的头发的高度并固定。

STEP 05   将后发区的部分头发从后向前翻转并固定。

STEP 06   将剩余的头发向上固定。

STEP 07   调整刘海的形状和层次。

STEP 08   佩戴饰品，造型完成。

造型提示

这是在用发尾位置做刘海的造型，所以要注意调整刘海的层次和摆放位置。

STEP 01　将刘海区的头发旋转造型并固定。

STEP 02　在头顶分出一片头发，向上扭转固定。

STEP 03　分出第二片头发继续向上扭转固定。

STEP 04　将后发区头发向上做固定。

STEP 05　将最后的剩余头发向上扭转做固定。

STEP 06　佩戴造型纱，在造型纱后边戴造型花做装饰。

STEP 07　继续佩戴造型花，造型完成。

造型提示

将头发从后向前固定的时候要分片一层层向上固定，一定要固定得牢固，这样才能做出立体饱满的层次。

STEP 01　将刘海区整理平顺，喷胶定型。

STEP 02　将整理好的头发固定牢固。

STEP 03　将一侧发区的头发进行打毛。

STEP 04　向后固定头发。

STEP 05　用尖尾梳调整头发的层次。

STEP 06　将另外一侧的头发用皮筋做固定。

STEP 07　将头发进行打毛，并卷起固定。

STEP 08　用尖尾梳调整头发的层次。

STEP 09　将造型花边做出层次并固定，造型完成。

造型提示

造型的打毛要尽量自然，呈现一些层次感和凌乱感，不要梳理得过于光滑。

 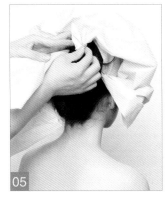 

STEP 01　将真发固定牢固。

STEP 02　将宝丽布固定在头发上，基础部分一定要牢固。

STEP 03　向上抓第一层褶皱，要求固定牢固。

STEP 04　在后侧方将宝丽布继续向上固定。

STEP 05　向上固定宝丽布，注意观察褶皱的层次。

STEP 06　将剩余的宝丽布向上抓。

STEP 07　固定额头区域的宝丽布，避免其向后拖坠。

STEP 08　佩戴造型花。

STEP 09　继续佩戴造型花，造型完成。

造型提示

用宝丽布在头上抓造型的层次时要注意，宝丽布和纱有很大的区别，比较硬也比较重，所以应注意固定的牢固性以及褶皱的样式。

89

 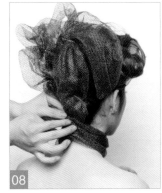 

STEP 01　将头发固定好。

STEP 02　佩戴造型花。

STEP 03　将纱覆盖在头上，遮盖住造型花。

STEP 04　在纱上佩戴造型花。

STEP 05　佩戴假发，固定牢固。

STEP 06　整理假发的层次，调整发丝的位置。

STEP 07　抓纱造型，修饰造型轮廓。

STEP 08　将剩余的纱固定在脖子位置。

STEP 09　在脖子上的纱的中间位置装饰夹式耳环做装饰。

造型提示

在做造型的时候并不一定
要先做好造型再戴饰品，有
时候顺序可以是穿插的，
但应注意穿插造型的
方法。

STEP 01   将一侧发区的头发分出。

STEP 02   用尖尾梳将头发隆起。

STEP 03   将头发向后翻转固定，另外一侧以同样的方式处理。

STEP 04   将后发区的头发向上进行打毛。

STEP 05   梳光表面后向下翻转固定。

STEP 06   另外取一片头发用同样的方式处理。

STEP 07   将后发区的头发向上提拉，扭转固定。

STEP 08   用发夹提升固定的高度，发夹要隐藏起来。

STEP 09   将头发整理出层次。

STEP 10   将另外一侧的头发向上收起，修饰造型轮廓。喷胶定型。

STEP 11   佩戴造型花，造型完成。

造型提示

在佩戴造型花的时候，注意造型花的重叠和造型花佩戴的高度，不要戴得没有层次。

93

STEP 01　将侧发区和刘海区的头发进行打毛。

STEP 02　边打毛边向上提拉头发。

STEP 03　注意不断调整打毛的方位。

STEP 04　将另外一侧的头发向上打毛。

STEP 05　将打毛好的头发用卷发棒卷好。

STEP 06　将卷好的头发继续进行打毛。

STEP 07　将头发向后发区收拢固定。

STEP 08　喷胶定型。

STEP 09　佩戴造型花，造型完成。

造型提示

注意头发打毛的层次，造型花的佩戴要服帖并牢固。

  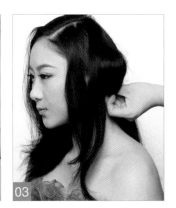

STEP 01　留出发条，将部分头发向后翻转固定。

STEP 02　在翻转好的造型后侧留出发条，提拉出准备收起的头发。

STEP 03　将提拉出的头发向下翻转固定。

STEP 04　继续留出发条并把余下的发尾进行固定。

STEP 05　将另外一侧的侧发区的头发扭转固定。

STEP 06　将后发区的头发向前翻转固定。

STEP 07　用尖尾梳按压头发进行固定。

STEP 08　将刘海区的头发向侧面进行固定。并用卷发棒卷留下来的发条。

STEP 09　佩戴造型花，造型完成。

造型提示

两边垂下来的发条卷完之
后不需要撕开，保持光滑的
程度，使发条分别从不同
位置垂落。

STEP 01　从刘海区分出一片头发,打毛并向上提拉,梳光表面。

STEP 02　向上扭转固定。

STEP 03　两边呈对称状,继续向上扭转固定。

STEP 04　将两侧发区最后一片头发向上扭转固定。

STEP 05　固定的发夹要隐藏起来。

STEP 06　将后发区的头发进行打毛。

STEP 07　向上固定头发。

STEP 08　喷胶定型,调整层次。

STEP 09　将造型纱固定在头发上。

STEP 10　将纱抓出褶皱进行造型,造型完成。

造型提示

将刘海区的头发向后进行固定时,分区的线要直,向上隆起要饱满,这种造型适合额头发际饱满、三庭比例标准的人。

STEP 01   将刘海区的头发向上固定。

STEP 02   将一侧发区的头发向前固定，整理卷的层次。

STEP 03   注意推拉的位置。

STEP 04   向上固定另外一侧发区的头发。

STEP 05   将帽子佩戴好。

STEP 06   将后发区的帽子向下按并进行固定。

STEP 07   整理帽子与头发之间的固定位置。

STEP 08   调整头发的层次，造型完成。

造型提示

在遇到额头比较窄的人的时候，除了靠刘海遮盖这些不足，还可以通过各种配饰去做适当的修饰。

STEP 01　从后向前拉头发并进行打毛。
STEP 02　将头发在刘海区域进行扭转。
STEP 03　整理好头发的层次并固定。
STEP 04　喷胶定型。
STEP 05　将侧发区的头发进行打毛并且梳光表面。
STEP 06　向后扭转固定头发。
STEP 07　将后发区的头发向上扭转固定，发尾留在侧面。
STEP 08　佩戴造型花。
STEP 09　用纱包裹住部分造型花，抓褶皱固定，造型完成。

造型提示

这款造型是用借发的形式
做刘海。在打毛的时候注意
边打毛边移动位置，这样
做出来的刘海造型会
比较自然。

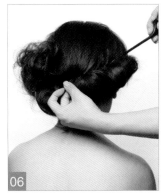

STEP 01　　将头发向后梳理好。

STEP 02　　将两边的头发打毛。

STEP 03　　整理头发的层次。

STEP 04　　将后发区的头发向上翻转固定。

STEP 05　　将一侧发区打毛好的头发向上翻转固定。

STEP 06　　将另外一侧的头发向后方翻转固定。

STEP 07　　佩戴造型饰品。

STEP 08　　佩戴发带。

STEP 09　　将发带抓出花形，造型完成。

造型提示

用发带抓出的花形要立体，不要平面地贴在头发上。很多饰品都有多种用法，关键在于造型师看问题的角度。

STEP 01　将头发用卷发棒卷好。

STEP 02　用气垫梳将卷好的头发梳开。

STEP 03　向后收拢头发。

STEP 04　为刘海喷胶定型。

STEP 05　将后方的头发向上收拢。

STEP 06　固定收拢好的头发。

STEP 07　留出两小片头发，整理层次。

STEP 08　佩戴造型花。

STEP 09　将造型纱固定在头发上。

STEP 10　将纱抓出花形。

STEP 11　在纱上佩戴造型花，整理造型纱，造型完成。

造型提示

可以适当垂落一些头发，
但要控制垂落头发的发量，
垂落下来的头发应松散而
不凌乱。

STEP 01　用三合一卷棒将头发夹卷，提起一片头发将其收短。

STEP 02　将收短的头发固定牢固。

STEP 03　将一侧发区的头发向相反的方向收短。

STEP 04　将后发区的头发取出部分向前扭转并提拉收短。

STEP 05　将剩余后发区的头发向前提拉收短。

STEP 06　将头发进行打毛处理。

STEP 07　向后收拢头发。

STEP 08　将造型纱抓出褶皱并固定牢固。

STEP 09　佩戴造型花，造型完成。

造型提示

注意抓纱的褶皱层次以及造型花的摆放位置。头发从各个角度看上去都要显得饱满。

109

STEP 01　将刘海区及两侧发区的头发收拢向上拉。

STEP 02　收紧之后向前推，并进行固定。

STEP 03　将后发区的头发向上收拢缩短。

STEP 04　两侧各留出头发。

STEP 05　将头发固定牢固。

STEP 06　用造型纱抓出造型。

STEP 07　佩戴小礼帽。

STEP 08　在另外一侧佩戴银色蝴蝶结，造型完成。

造型提示

本款造型的饰品比较混搭，但混搭不是胡乱搭配，需要注意它们在色彩和样式上的关系，以及搭配在造型上的协调性。

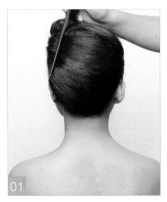

STEP 01　将头发光滑地包起来固定好。

STEP 02　将假发片固定于头发上。

STEP 03　将假发片分出一片进行打卷造型，修饰额头。

STEP 04　将另外一片假发片分出进行打卷造型。

STEP 05　分出一片假发片修饰头顶的位置。

STEP 06　将剩余的假发片做卷筒造型。

STEP 07　调整造型的高度。

STEP 08　佩戴插珠，造型完成。

造型提示

在佩戴插珠的时候，应注意避免插珠呈现直线的感觉，那样会显得很呆板。可以使插珠由集中的点向外不规则地分散开来。

STEP 01　将头发向后束起，要求固定得够牢固。
STEP 02　将假发片固定于头顶之上。
STEP 03　固定好之后向相反的方向拉两片发片。
STEP 04　将其中一片发片进行旋转固定。
STEP 05　将另外一侧的发片进行旋转固定。
STEP 06　佩戴蝴蝶结饰品，调整造型，造型完成。

造型提示

注意假发片的摆放角度以及
光洁程度，蝴蝶结饰品的摆放
位置刚好修饰假发的衔接点，蝴
蝶结的形状与假发片制造的
造型轮廓相得益彰。

STEP 01　　将刘海区的头发进行打卷固定。

STEP 02　　将后发区的头发分开扎成辫子。

STEP 03　　将扎好的头发进行打毛。

STEP 04　　将打毛好的头发梳光表面，做卷筒进行固定。

STEP 05　　将头顶剩余的头发扎好。

STEP 06　　将扎好的头发进行打毛。

STEP 07　　将打毛好的头发梳光表面并打卷。

STEP 08　　在打好的卷之上固定假发片。

STEP 09　　对假发片进行打卷造型和固定。

STEP 10　　佩戴造型花，适当修饰额头，造型完成。

造型提示

注意造型打卷的立体感
以及弧度，花朵的点缀
适当修饰了额头的
位置。

STEP 01　将后发区的头发扎起，位置适当高一些。

STEP 02　将后发区的扎好的头发向前提拉，然后固定。

STEP 03　将假发戴在额头位置充当刘海区的造型。

STEP 04　将编成两条辫子的假发固定在顶区位置。

STEP 05　将另外一侧固定牢固。

STEP 06　将发带佩戴好。

STEP 07　将发带扭转出蝴蝶结的形状。

STEP 08　将小礼帽配饰戴好，修饰额头，造型完成。

造型提示

可以适当地运用假发改变刘海的样式，还要注意假发与饰品和其他造型结构的衔接。

STEP 01　将头发收拢向一侧，然后用皮筋将头发扎起来。

STEP 02　用手向下卷头发。

STEP 03　将发尾固定牢固。

STEP 04　另外一侧的效果，用尖尾梳调整高度。

STEP 05　将造型布整理出褶皱层次并固定于头发之上。

STEP 06　继续抓第二层的褶皱。

STEP 07　边抓造型布的褶皱边进行固定。

STEP 08　最后将剩余的造型布固定于造型后方，造型完成。

造型提示

造型布要抓出层次，固定的点要牢固，要能很好地修饰头发的造型结构。

STEP 01　将头发进行打毛处理。

STEP 02　将打毛好的头发旋转固定于后方。

STEP 03　继续打毛头发。

STEP 04　然后向上固定头发。

STEP 05　打毛另外一侧的头发。

STEP 06　向上打卷固定。

STEP 07　将后侧方的头发向上打卷固定。

STEP 08　将后发区剩余的头发向前梳并固定。

STEP 09　将刘海区剩余的短发整理层次。

STEP 10　佩戴造型纱，要求整理好层次并固定牢固。

STEP 11　整理后方的造型纱并抓纱造型，佩戴造型花。

STEP 12　整理抓纱的轮廓，造型完成。

造型提示

佩戴在一个造型上的饰品不一定要是同一种色彩，除色彩之外，它们的材质以及彼此之间的关系也是要考虑的重要因素。

STEP 01　将后发区的头发扎成两个辫子。

STEP 02　将上边的辫子用造型环套住。

STEP 03　将造型环从头发中间穿过，向下拉出头发。

STEP 04　将另外一片头发从下向上拉。

STEP 05　用两片头发开始进行造型。

STEP 06　将上边一片头发进行打卷造型。

STEP 07　将下边一片头发进行打卷造型。

STEP 08　将剩余头发进行打卷造型。

STEP 09　在头顶固定一片假发片。

STEP 10　将假发片左右交叉。

STEP 11　将两侧的假发片进行翻转固定。

STEP 12　在头顶抓造型纱。

STEP 13　将珠子穿插于造型纱中。

STEP 14　佩戴造型花进行点缀，造型完成。

造型提示

造型纱与造型花以及珠
子的结合要协调，不要
彼此脱离。注意假发
的服帖。

STEP 01　将头发束于头顶之上，留出一侧发区的头发。

STEP 02　将头顶区的头发固定好。

STEP 03　将全顶假发固定于头顶位置。

STEP 04　将后方固定牢固。

STEP 05　将留出的头发翻转固定。

STEP 06　向前翻转头发并再次进行固定。

STEP 07　整理造型的层次和卷的轮廓。

STEP 08　佩戴饰品，造型完成。

造型提示

注意造型卷的层次，造型不要过宽，可以用饰品对造型的两侧进行点缀。

STEP 01　将前半部分的头发扎成两个马尾，刘海区的头发归在其中一个马尾里。

STEP 02　将后发区的头发扎成一个马尾。

STEP 03　将有刘海区头发的马尾打毛并梳光表面，喷胶定型。

STEP 04　用这片头发制作刘海区的造型。

STEP 05　将另外一个马尾的头发分出一片，做内环造型并固定。

STEP 06　再分出一片打卷造型。

STEP 07　用最后一片继续造型。

STEP 08　将后发区的头发进行打毛并梳光表面。

STEP 09　向前拉头发并进行固定和调整轮廓。

STEP 10　点缀造型花，造型完成。

造型提示

注意刘海区处理的弧
度，可以通过造型花
对造型衔接点进行
修饰。

STEP 01　将刘海区以及顶区的头发先临时固定好。

STEP 02　对剩余头发进行打毛处理。

STEP 03　对头发的表面进行梳光。

STEP 04　喷胶固定头发，使其不松散。

STEP 05　向上拉头发并且进行固定。

STEP 06　另外一侧的头发用同样的方式进行固定，调整头发的层次。

STEP 07　将临时固定的头发进行打毛。

STEP 08　将打毛的头发梳光表面。

STEP 09　将梳光的头发向上提拉，喷胶定型。

STEP 10　向后固定头发。

STEP 11　佩戴造型花，造型完成。

造型提示

打毛可以对头发起到充分的连接作用，此外还要注意表面的光滑和造型轮廓的饱满。

STEP 01　将头发向上拢起梳好。

STEP 02　将头发固定牢固。

STEP 03　将头发打毛以增加头发的厚度。

STEP 04　将软毛毛虫假发固定于头上，适当修饰发际线的位置。

STEP 05　继续将假发固定在头顶上。

STEP 06　将后方位置的头发固定牢固。

STEP 07　整理发丝的层次。

STEP 08　将小礼帽戴上，造型完成。

造型提示

造型的小礼帽要与假发相互融合，戴好之后用假发对礼帽做适当的遮挡。

  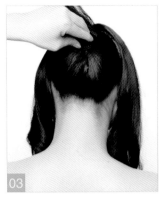 

STEP 01　将后发区的头发扎成马尾。

STEP 02　将马尾进行打毛并梳光表面。

STEP 03　将发根位置向前推，下暗夹固定。

STEP 04　将头发做成发包的形状。

STEP 05　将头发中分后，左右两边分别用皮筋扎好。

STEP 06　将头发分片喷胶。

STEP 07　将头发打卷造型。

STEP 08　佩戴假发，固定牢固。

STEP 09　调整假发的层次。

STEP 10　将发带固定在头发上。

STEP 11　抓出花形。

STEP 12　佩戴造型花，造型完成。

造型提示

两边的卷在增加造型生动感的同时还起到了修饰额头发际线的作用，假发需要用尖尾梳调整好层次。

STEP 01　将头发扎成高马尾，保留刘海和同方向侧发区位置。

STEP 02　将马尾分片打毛、梳光表面、喷胶。

STEP 03　将头发打卷造型。

STEP 04　将发片固定在后方。

STEP 05　分出一片进行打卷造型。

STEP 06　将头发分三股编成麻花辫。

STEP 07　剩余部分做造型进行固定。

STEP 08　将刘海区以及侧发区的头发向反方向做造型并固定。

STEP 09　固定好后剩余的发尾，打卷做造型，修饰额头。

STEP 10　将发带戴好做出蝴蝶结形状，造型完成。

造型提示

注意调整刘海部分的形
状,避免出现平直的线条,
那样会使造型看上去
很生硬。

STEP 01　将头发梳好固定牢固。

STEP 02　将发棒折好形状，固定于头顶之上。

STEP 03　将假发固定在头上。

STEP 04　将部分头发遮挡在支撑的假发之上。

STEP 05　将假发整理出刘海的形状，进行固定。

STEP 06　将另外一片假发固定在支撑的假发上。

STEP 07　用部分假发遮挡露出来的真发，修饰造型。

STEP 08　下暗夹做隐藏式的固定。

STEP 09　佩戴饰品，造型完成。

造型提示

在用假发造型的时候，
应注意假发层次的调整和
衔接，与用真发造型的
道理是一样的。

STEP 01　将后发区的头发向上固定。

STEP 02　将侧发区的头发自然地梳起固定。

STEP 03　将刘海区的头发向上打出层次。

STEP 04　喷胶固定防止塌陷。

STEP 05　整理刘海与后发区之间的关系。

STEP 06　将后发区的头发打高，喷胶固定。

STEP 07　佩戴饰品，造型完成。

造型提示

注意刘海要有层次感，
不要梳得过于光滑，也不
要过于凌乱，要使刘
海自然地隆起。

STEP 01　将头发分片做固定。

STEP 02　将后发区的头发向前拉做固定。

STEP 03　将另外一边的头发向前拉做固定。

STEP 04　将假发佩戴在真发上进行固定。

STEP 05　整理假发的层次。

STEP 06　佩戴小礼帽。

STEP 07　用头发适当遮挡小礼帽，造型完成。

造型提示

假发的发色与真发要尽量保持一致，将假发整理得蓬松自然，造型的主体在露肩的一面，这样可以使造型和服装形成协调的均衡感。

STEP 01　将后发区的头发梳起扎马尾。

STEP 02　将侧发区的头发向后旋转固定。

STEP 03　将刘海区的头发隆起进行固定。

STEP 04　将马尾的头发向前固定，然后向后做卷筒。

STEP 05　将剩余的头发固定，修饰造型的后方。

STEP 06　佩戴蝴蝶结，造型完成。

造型提示

饰品的佩戴位置是无肩带
的一侧，这样可以使造型的
重量得到均衡，在佩戴饰
品的时候要考虑到服
装的款式。

STEP 01　将刘海区的头发分出一片旋转固定。

STEP 02　以同样的方式将两侧发区的头发进行旋转固定。

STEP 03　将后发区的头发进行固定。

STEP 04　将假发片固定在头发上，分出一片进行扭转固定。

STEP 05　将第二片假发片进行旋转固定。

STEP 06　旋转固定的时候注意整理发丝。

STEP 07　将最后一部分假发进行旋转固定。

STEP 08　抓纱造型，注意褶皱的层次感。

STEP 09　使抓纱适当修饰额头位置。

造型提示

假发是对抓纱的支撑和轮廓的修饰，所以要注意控制假发的高度及轮廓感。

STEP 01　为头发做连接并喷胶定型。

STEP 02　向后扭转固定头发。

STEP 03　将顶区的头发打毛连接。

STEP 04　梳光表面后向下做卷，增加造型高度。

STEP 05　调整高度，并喷胶定型。

STEP 06　将另外一侧的头发打毛。

STEP 07　下扣进行固定。

STEP 08　喷胶进行定型。

STEP 09　将后发区剩余的头发扎马尾。

STEP 10　向前拉马尾并进行固定。

STEP 11　将马尾固定在一个点上，一定要固定牢固。

STEP 12　分出一片进行打毛并且梳光表面。

STEP 13　向后翻转进行固定，另外一片以同样的方法操作。

STEP 14　将刘海位置梳理平顺。

STEP 15　佩戴饰品，造型完成。

造型提示

用真发制作蝴蝶结的形
状，最需要注意的是根基
的固定和头发摆放的角
度，以及支撑点的
形成。

157

STEP 01　将刘海区域的头发固定得牢固一些。

STEP 02　将刘海区与侧发区的头发相互结合，向后翻转做造型。

STEP 03　取另外一片头发进行翻转造型。

STEP 04　将后发区的头发扎成马尾。

STEP 05　向前翻转马尾造型。

STEP 06　将剩余的头发编成辫子。

STEP 07　将辫子固定好，同时修饰了皮筋的位置。

STEP 08　佩戴头顶的饰品，适当对额头进行修饰。

STEP 09　佩戴另一个饰品，造型完成。

造型提示

注意饰品的佩戴位置，尤其是佩戴在下方的饰品，要在不影响造型结构的情况下尽量牢固，但曲线感要好。

STEP 01　将刘海区域的头发向后固定好。

STEP 02　将另外一侧的头发向后固定并且向上翻转造型。

STEP 03　取另外一片头发继续向上翻转固定。

STEP 04　取另外一侧的头发向上翻转固定。

STEP 05　取另外一片头发与之前的头发进行交叉式的固定。

STEP 06　取剩余的头发继续做造型并固定。

STEP 07　固定假刘海。

STEP 08　整理假刘海的层次并进行局部的固定。

STEP 09　佩戴饰品，造型完成。

造型提示

真发与假发相互结合，饰品不仅可以让造型锦上添花，也可以起到修饰真假发差异的作用。

STEP 01　将头发在后边做固定，使造型的根基相对稳固一些。

STEP 02　佩戴造型帽子。

STEP 03　将侧发区的头发打毛并且梳光，向上翻卷造型。

STEP 04　将另外一侧发区的头发打毛梳光并向上翻卷造型。

STEP 05　将剩余的头发打毛梳光，向上翻卷固定于帽子上。

STEP 06　用发卷做造型，固定要牢固。

STEP 07　另外一侧同样用发卷做造型，造型完成。

造型提示

帽子与头发之间的固定
非常关键，注意下发夹的
位置，牢固的同时尽
量隐藏发夹。

STEP 01　在造型的一侧扎好马尾。

STEP 02　将另外一侧的头发从后向前推并进行固定。

STEP 03　处理刘海位置的层次以及弧度。

STEP 04　将剩余头发收拢。

STEP 05　将假发戴在收拢的头发上。

STEP 06　在假发里边填充假发做支撑。

STEP 07　将假发固定牢固。

STEP 08　整理假发的轮廓和形态。

STEP 09　佩戴饰品，造型完成。

造型提示

假发的造型应避免出现过于沉重的感觉，饰品的佩戴位置应起到控制造型平衡的作用。

STEP 01　将刘海区中分。

STEP 02　将两侧的头发向后收拢，使表面光滑。

STEP 03　将后发区的头发收拢，固定牢固。

STEP 04　在顶区的位置固定好支撑的假发。

STEP 05　将假发在头顶位置固定牢固，隐藏支撑的假发。

STEP 06　整理好假发的形状，做好与真发的衔接。

STEP 07　佩戴饰品，造型完成。

造型提示

头顶的发包要光滑整洁，饰品的垂坠位置不要过低，此造型不适合脸型宽大的人。

STEP 01　将头顶的头发隆起造型。

STEP 02　将侧发区的头发向后扭转造型。

STEP 03　将另外一侧的头发扭转造型。

STEP 04　将后发区的头发分出一部分旋转做造型结构。

STEP 05　将另外一部分头发扭转做造型结构，与之前的部分衔接好。

STEP 06　佩戴假发修饰刘海位置。

STEP 07　佩戴珍珠发卡，造型完成。

造型提示

后发区的发包要光滑干净，注意几个珍珠发卡之间的距离，不要过近也不要过远。

STEP 01　将刘海区域向上翻转。

STEP 02　固定刘海的夹子要隐藏起来，刘海不要太高。

STEP 03　将侧发区的头发向上扭转造型。

STEP 04　将另外一侧发区的头发向上扭转造型。

STEP 05　将后发区位置的一部分头发向下穿过头发进行造型。

STEP 06　固定好头发，这个区域很容易固定不牢。

STEP 07　将固定好的头发的发尾和被穿过的头发结合在一起造型。

STEP 08　继续做卷造型。

STEP 09　剩余的头发用同样的方式继续造型，固定牢固。

STEP 10　佩戴饰品，造型完成。

造型提示

注意刘海向上翻起的角度以及造型卷的层次，额头过高的人不适合此类造型。

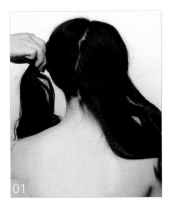 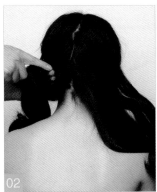 

STEP 01　将一侧的头发梳成马尾。

STEP 02　分出部分头发打卷造型。

STEP 03　用剩余头发继续打卷造型。

STEP 04　将另外一侧的头发梳成马尾。

STEP 05　将头发进行打卷造型。

STEP 06　将亮片布固定于头顶上。

STEP 07　亮片布的固定要服帖牢固。

STEP 08　将白帽子固定于头顶亮片布的上边。

STEP 09　固定黑色造型花，造型完成。

造型提示

饰品的层次关系很重要，白纱饰品可以对其上下的饰品进行区分，彼此之间相互结合而又不会混淆。

STEP 01　将造型帽子固定好。

STEP 02　将一侧头发打毛，并且梳光表面。

STEP 03　将头发打卷向上固定。

STEP 04　另外一侧取部分头发进行打卷固定。

STEP 05　继续取头发向上翻转固定，喷胶定型。

STEP 06　后发区取部分头发向斜上方固定，修饰造型轮廓。

STEP 07　头顶位置要求固定牢固，否则容易脱落。

STEP 08　将剩余头发进行打毛，喷胶定型，向上拉头发。

STEP 09　将头发固定牢固，调整饱满度，造型完成。

造型提示

两侧的造型要相互协调，两边的造型的卷要相互呼应，不要出现失重的感觉。

 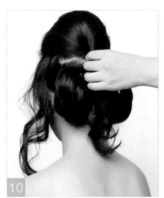  

STEP 01　将头顶的头发扎起来。

STEP 02　将一侧的头发扎成马尾。

STEP 03　将另外一侧的头发扎成马尾。

STEP 04　将头发做卷筒造型并固定。

STEP 05　将另外一侧的头发造型并固定。

STEP 06　将头顶的头发进行打毛。

STEP 07　将头顶的头发梳光表面。

STEP 08　将头顶的头发向后收拢造型。

STEP 09　将刘海区的头发打毛，盖在发包上。

STEP 10　在后方收拢固定并隐藏发尾。

STEP 11　将两侧头发进行打毛并向后固定。

STEP 12　佩戴饰品，调整造型，造型完成。

造型提示

在晚礼服造型中搭配彩色皇冠的造型一般比较适合华丽一些的服装，比如服装上有亮片和钻等饰物，这样更能体现出整体感。

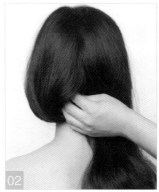

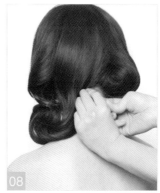

STEP 01   取一侧头发，将发丝整理流畅。

STEP 02   向后收拢头发，固定牢固。

STEP 03   向前压头发，下暗夹进行固定。

STEP 04   将另外一侧头发收拢。

STEP 05   将另外一侧头发向后做固定。

STEP 06   将剩余头发的发丝捋顺。

STEP 07   向前做卷并固定。

STEP 08   将后方固定牢固。

STEP 09   佩戴饰品，化妆造型完成。

造型提示

头发旋转的弧度和松紧度要特别注意，太紧造型会很生硬，太松的话造型会看上去很拖沓，松紧度要适中。

STEP 01　　将刘海区的头发暂时收好。

STEP 02　　将侧发区的头发编成三股辫。

STEP 03　　将编好的辫子扎好。

STEP 04　　将另外一侧发区的头发进行打毛。

STEP 05　　喷胶进行定型。

STEP 06　　向前将头发拉出弧度并进行固定。

STEP 07　　将做好弧度的发尾向上旋转固定。

STEP 08　　在后方取出一片头发，在之前的弧度上方继续做一个弧度出来。

STEP 09　　拉起刘海区的头发向上进行打毛处理。

STEP 10　　将打毛好的头发梳光表面并旋转固定，卷要立体。

STEP 11　　将后发区的头发打毛，向有辫子的一方进行收拢固定，发尾做造型修饰侧发区。

STEP 12　　用辫子做造型的修饰。

STEP 13　　佩戴饰品，造型完成。

造型提示

刘海的立体卷是造型的一个重点，应做到光滑而不紧绷，发丝不能凌乱。

STEP 01　在头顶位置扎起马尾。

STEP 02　将刘海区固定好。

STEP 03　戴好假刘海，并为其造型。

STEP 04　将扎好的马尾打毛并且梳光表面。

STEP 05　喷胶定型。

STEP 06　将马尾做成发包的形状并固定牢固。

STEP 07　调整发包的形状。

STEP 08　佩戴饰品，化妆造型完成。

造型提示

头顶发包的大小可随着脸型的大小加以变化，在脸型较大的情况下，可以适当增大发包的大小。

STEP 01 　　将头发分区扎成马尾。

STEP 02 　　将后发区的头发扎成马尾。

STEP 03 　　将额头位置处理得服帖一些。

STEP 04 　　将侧发区的马尾编成若干辫子修饰在额头位置。

STEP 05 　　将后方偏上位置的马尾打毛并且梳光表面。

STEP 06 　　将梳光表面的头发进行造型。

STEP 07 　　将剩下的马尾分出一片编辫子。

STEP 08 　　将辫子修饰在做好的造型结构的轮廓位置。

STEP 09 　　将剩下的头发编成辫子之后固定在偏下的位置。

STEP 10 　　佩戴饰品，造型完成。

造型提示

注意辫子的空间感及辫子
之间相互交叉的层次，其实
普通的辫子也可以实现很
多的造型变化。

STEP 01　将侧发区的头发编辫子。

STEP 02　由后向前旋转固定辫子修饰侧发区。

STEP 03　另外一侧发区操作方法相同。

STEP 04　将后发区的部分头发编成辫子。

STEP 05　向上固定，注意饱满度。

STEP 06　将剩余的头发编成辫子并固定，轮廓要饱满。

STEP 07　将刘海区的头发向后打毛。

STEP 08　喷胶定型。

STEP 09　喷彩胶将头发染色。

STEP 10　佩戴饰品，造型完成。

造型提示

蝴蝶结所佩戴的位置是
造型的交叉点或者衔接点，
注意蝴蝶结的佩戴位置
要有主次之分。

STEP 01 将卷发造型进行中分。

STEP 02 由后向前扭转头发。

STEP 03 再向后上方扭转并进行固定。

STEP 04 另外一侧用同样的方式处理。

STEP 05 为造型喷胶定型。

STEP 06 佩戴饰品，造型完成。

造型提示

造型两边呈现对称的状态，饰品的佩戴也讲究对称感，在端庄中体现复古的感觉。

STEP 01　将后发区中间的头发编成辫子，并固定牢固。

STEP 02　将支撑用的假发固定在编好的辫子上边。

STEP 03　将上边的头发取一片做卷并进行固定。

STEP 04　将下方的头发做卷并进行固定。

STEP 05　取上边另外一片头发做卷，卷的大小要考虑到隐藏支撑的假发。

STEP 06　另外一侧取头发继续做卷。

STEP 07　继续做卷，注意卷的层次和摆放的位置。

STEP 08　喷胶定型。

STEP 09　佩戴假发，装饰刘海区域。

STEP 10　佩戴造型花，造型完成。

造型提示

造型的时候注意固定里边
起支撑作用的假发，避免其
产生向下拖坠的感觉，包在
支撑上边的头发要光滑
而不生硬。

STEP 01　将头发梳向造型的一边并进行固定。

STEP 02　将头发扭转继续进行固定。

STEP 03　将假发固定在做好的真发上。

STEP 04　调整假发的层次。

STEP 05　佩戴饰品，造型完成。

造型提示

造型的主体偏向于一边，注意控制发包的大小，以免出现失重的感觉。

STEP 01　将刘海区做临时的固定。

STEP 02　在后发区偏下位置扎成两个马尾。

STEP 03　将顶区的头发打毛并梳光表面。

STEP 04　向后翻转造型。

STEP 05　用其中一个辫子做第一个造型结构。

STEP 06　用剩余的头发做第二个造型结构。

STEP 07　喷胶定型。

STEP 08　推出刘海的第一个弧度并固定。

STEP 09　用剩下的头发继续做一个弧度修饰颧骨位置。

STEP 10　佩戴饰品，造型完成。

造型提示

这种造型很容易出现不整洁的感觉，刘海的隆起和后发区造型的棱角感是要特别注意的地方。

STEP 01　将真发向后固定，两侧各留一簇头发。

STEP 02　将头发扎马尾，马尾的位置扎得高一些。

STEP 03　用假发棒将头发卷在其中。

STEP 04　将真假发固定在一起。

STEP 05　分别向前后扭转假发。

STEP 06　将扭转好的假发进行固定。

STEP 07　将另外一个假发佩戴在额头的位置。

STEP 08　将饰品穿插于假发之中，造型完成。

造型提示

注意真假发的结合以及
假发扭转的角度，要将
真假发很好地结合在
一起。

时尚新颖篇

STEP 01　将一侧的头发整理好旋转固定于一侧发区。

STEP 02　剩下的头发扎成马尾固定在另外一侧。

STEP 03　将扎好的头发由内向上旋转固定。

STEP 04　在造型上固定假发。

STEP 05　将假发固定牢固。

STEP 06　调整真假发的层次。

STEP 07　喷发胶固定造型。

STEP 08　将黑色蕾丝固定在头发的下方。

STEP 09　佩戴造型花。

STEP 10　在脖子位置佩戴蕾丝，造型完成。

造型提示

在造型的时候要注意头发旋转的角度，同时为佩戴造型花留出合适的位置。

STEP 01　将头发在两侧做两个发髻。

STEP 02　将假发片固定在头发上。

STEP 03　将一侧的发片编成辫子。

STEP 04　向上旋转辫子进行固定。

STEP 05　注意调整辫子的松紧度。

STEP 06　将另外一侧的发片编成三个辫子。

STEP 07　其中两个固定在造型的侧面。

STEP 08　用剩下的一个辫子在另外一侧修饰之前做好的假发。

STEP 09　佩戴造型花。

STEP 10　佩戴造型纱。

STEP 11　佩戴小朵造型花。

STEP 12　在造型后方加发片修饰造型轮廓，造型完成。

造型提示

造型纱与花要很好地结
合在一起，造型纱不要
抓得过于生硬，应该
自然一些。

STEP 01 将刘海区的头发临时固定。

STEP 02 将后发区的头发向上旋转固定。

STEP 03 将假发固定在头发上。

STEP 04 将刘海区的真发打开，用尖尾梳整理造型的层次。

STEP 05 喷胶进行定型。

STEP 06 佩戴发卡，整理造型层次。

STEP 07 在脖子上佩戴饰品，造型完成。

造型提示

脖子比较短的人不要用
面积这么大的饰品做装
饰，会显得脸更大，
脖子更短。

207

STEP 01　将真发收拢固定好。

STEP 02　将支撑用的假发固定牢固。

STEP 03　将造型用的假发覆盖在支撑的假发上。

STEP 04　用假发摆出发卷的形状。

STEP 05　整理发卷的层次进行固定。

STEP 06　喷胶定型，胶尽量不要喷在假发上，主要用来整理凌乱的发丝。

STEP 07　佩戴造型饰品。

STEP 08　佩戴另外一侧的造型饰品，造型完成。

造型提示

注意假发的卷的层次，可以在真假发结合的位置用饰品做修饰，隐藏缺陷。

STEP 01　将刘海区和侧发区编辫子。

STEP 02　辫子可以编得紧一些。

STEP 03　将辫子固定在扎好的马尾之上。

STEP 04　在编好的马尾上取头发做卷并固定。

STEP 05　继续取头发做卷，做固定。

STEP 06　将一片假发片固定在做好的卷的下方，连接处要隐藏好。

STEP 07　用假发做卷并固定。

STEP 08　将发卷固定牢固，将另外一侧的发辫连接在做好的发卷上。

STEP 09　佩戴饰品，抓出褶皱，造型完成。

造型提示

造型的主体在后方，但是正因为如此，花边对刘海区的修饰显得更重要，一定要整理出合适的层次，不能过于生硬。

  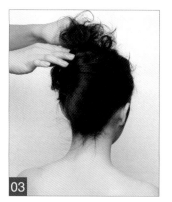

STEP 01　将刘海区的头发收好。

STEP 02　将头发收拢向上提拉。

STEP 03　用发夹将提拉的头发固定好。

STEP 04　喷胶定型。

STEP 05　将造型布包裹在头上。

STEP 06　在额头位置打结。

STEP 07　抓褶皱进行固定。

STEP 08　继续抓褶皱。

STEP 09　佩戴饰品，造型完成。

造型提示

造型的重点是抓布的层次感以及额头上饰品的牢固程度。在抓布的时候要注意发夹的隐蔽性。

STEP 01　将刘海区的头发固定好之后佩戴假刘海。

STEP 02　将头发收向一侧，用皮筋扎成马尾。

STEP 03　将造型纱穿入皮筋中。

STEP 04　开始编辫子。

STEP 05　编好辫子后用发夹进行固定。

STEP 06　将辫子固定在顶区位置。

STEP 07　整理剩余的纱。

STEP 08　将纱整理出层次固定好，造型完成。

造型提示

在将造型纱与头发编在一起的时候，注意留出头发的空隙，不要只有纱或者只有头发。

STEP 01　将一侧的头发扎马尾固定。

STEP 02　将马尾的头发分出一片打卷固定。

STEP 03　继续分一片打卷固定。

STEP 04　将剩下的一片打卷固定，注意层次。

STEP 05　将另外一侧的头发扎马尾。

STEP 06　用同样的方式进行打卷固定。

STEP 07　将后发区的头发向上收好。

STEP 08　将纱固定在额头位置，注意用纱的褶皱修饰额头。

STEP 09　继续向上抓纱造型。

STEP 10　调整纱的层次，造型完成。

造型提示

这款造型主要是纱的结构，所以在抓纱的时候要注意用纱来控制造型的轮廓。

STEP 01　　将头发分成几个部分，取一片打毛。

STEP 02　　将打毛的头发固定好，再取一片打毛并固定。

STEP 03　　在另外一侧取头发进行打毛固定。

STEP 04　　在顶区取头发打毛并固定。

STEP 05　　调整固定好的头发的饱满度。

STEP 06　　取刘海区及侧发区的头发进行打毛。

STEP 07　　与之前固定好的头发做衔接固定。

STEP 08　　给头发进行喷胶定型。

STEP 09　　佩戴饰品，造型完成。

造型提示

在遇到发量较多的人的时候，要注意打毛的密度，以免造成发量过多，不好整理的现象。

STEP 01　将卷好的头发进行打毛处理。

STEP 02　打毛要适度，表面一层即可。

STEP 03　将头发从后向前进行固定。

STEP 04　打毛另外一侧的头发。

STEP 05　在耳后进行固定。

STEP 06　将刘海区的头发整理得微蓬并向后进行固定。

STEP 07　对刘海区喷胶定型。

STEP 08　对两侧发区喷胶定型。

STEP 09　将带有纱的发卡戴好。

STEP 10　抓纱造型，修饰额头及侧发区。

STEP 11　佩戴造型花，修饰在颧骨位置。

STEP 12　将造型花点缀在纱里，造型完成。

造型提示

当造型空缺比较大的时候，单独用花修饰显得单薄，和造型纱结合在一起进行修饰是不错的选择。

STEP 01 　将侧发区的头发扭转固定好。

STEP 02 　剩余的发尾修饰在侧发区位置。

STEP 03 　将另外一侧发区的头发向已经做好的头发的方向提拉。

STEP 04 　固定好之后整理层次。

STEP 05 　将后发区的头发向上提拉固定好。

STEP 06 　整理造型的层次。

STEP 07 　向后收紧头发。

STEP 08 　喷胶定型，调整层次。

STEP 09 　佩戴饰品，造型完成。

造型提示

注意造型羽毛的角度，应刚好符合脸型内收式的轮廓，羽毛的角度是造型是否完美的关键。

STEP 01　分出一侧想要垂下来的头发。

STEP 02　将剩余头发向上旋转固定。

STEP 03　固定的位置可以靠前一些。

STEP 04　分出另外一侧想要垂下来的头发。

STEP 05　剩余头发向上旋转固定。

STEP 06　将头发摆好方位，固定牢固。

STEP 07　喷胶定型，调整层次。

STEP 08　佩戴饰品，造型完成。

造型提示

羽毛饰品的佩戴不但起到装饰造型的作用，同时还修饰了额头和脸颊，所以要根据脸型调整佩戴的角度和位置的高低。

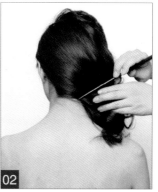
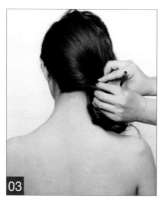

STEP 01　将刘海区的头发打毛并向后拉。

STEP 02　将后方的头发向前收拢。

STEP 03　旋转头发并固定牢固。

STEP 04　前面的头发向后梳理，固定牢固。

STEP 05　喷胶定型。

STEP 06　调整造型的层次。

STEP 07　佩戴大蝴蝶结饰品。

STEP 08　佩戴小蝴蝶结点缀，造型完成。

造型提示

大蝴蝶结的佩戴是为了使垂下来的头发显得不那么突兀，小蝴蝶结起到点缀和呼应的作用。

  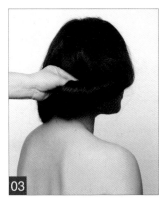

STEP 01　将刘海区的头发进行打毛处理。

STEP 02　将一侧发区的头发进行打毛处理，使其与刘海区的打毛衔接在一起。

STEP 03　将打毛好的头发梳光表面并连接好，向后上方翻转做固定。

STEP 04　将另外一侧发区的头发进行打毛处理。

STEP 05　将梳光表面的头发从后向前翻卷固定于耳后位置。

STEP 06　将造型纱固定于头发上，适当地遮挡在额头位置。

STEP 07　佩戴造型绢花。

STEP 08　佩戴纱上的绢花，造型完成。

造型提示

注意造型的侧面轮廓向上翻转的角度，弧度要显得圆润自然并具有柔和的美感。

STEP 01　将头发烫卷，将刘海区向后进行固定。

STEP 02　将一侧发区的头发通过推拉做出弧度，进行固定。

STEP 03　将另外一侧的头发用同样的方式做造型。

STEP 04　将剩余头发从后向前扭转做固定。

STEP 05　佩戴饰品，造型完成。

造型提示

这款造型的结构很简单，重点是侧发区的造型的曲线，要求圆润流畅。

STEP 01　将真发收拢固定好。

STEP 02　固定好假发，修饰额头位置。

STEP 03　继续固定假发，将额头位置的真发全部掩盖住。

STEP 04　向上固定假发，并调整层次。

STEP 05　调整假发的高度及后方的层次，可以喷彩喷遮挡露出的黑发。

STEP 06　将黑色纱带固定在假发上。

STEP 07　在一侧将纱带打结。

STEP 08　将纱抓出层次并进行固定。调整假发的层次，使其后方饱满
　　　　　起来。造型完成。

造型提示

假发要一层一层地固定，
注意修饰脸型。如果露出的
本来发色与假发颜色不符
合，最好喷彩喷中和
颜色。

STEP 01　将头发向侧面编好。

STEP 02　将另外一侧的头发编好。

STEP 03　在后发区的左右各编一条辫子。

STEP 04　将顶区的头发扎成马尾。

STEP 05　向左右拉头发并进行固定，在头顶形成发包的样式。

STEP 06　将辫子向前环绕固定。

STEP 07　将一侧的辫子向上进行固定。

STEP 08　将另外一侧的辫子向上固定。

STEP 09　佩戴羽毛饰品。

STEP 10　配戴造型花，造型完成。

造型提示

应使造型羽毛呈现自上向下的放射状，同时还要有层次感，所以选择羽毛的时候尽量不要选择长短完全一致的羽毛，或者采用隐藏的方法将羽毛变得长短不一。

STEP 01　推出刘海区的波纹造型。

STEP 02　将侧发区的头发向后扭转固定。

STEP 03　在后发区扎马尾。

STEP 04　将马尾分出一片头发从后向前打卷做固定。

STEP 05　调整卷的高度。

STEP 06　再分出一片头发打卷固定，空间要立体。

STEP 07　将剩余头发向上提拉打卷固定，调整造型饱满度。

STEP 08　佩戴粉色造型花边，抓出层次固定。

STEP 09　佩戴黑色造型花边，固定牢固。

STEP 10　调整黑色花边的造型轮廓。

STEP 11　佩戴造型小礼帽，造型完成。

造型提示

造型刘海的波纹是造型最
重要的地方，刘海主要通过
尖尾梳的尖尾推拉形成，注
意表面的光滑度及波纹
的曲线感。